动漫艺术
基础教程

目　录

动漫艺术
基础教程

动画场景设计

王 平 殷 俊 编著

苏州大学出版社

图书在版编目(CIP)数据

动画场景设计/王平，殷俊编著 .—苏州：苏州大学出版社，2006.12(2008.6 重印)
动漫艺术基础教程
ISBN 978-7-81090-773-6

Ⅰ.动… Ⅱ.①王…②殷… Ⅲ.动画-背景-造型设计-高等学校-教材 Ⅳ.J218.7

中国版本图书馆 CIP 数据核字(2006)第 158394 号

内 容 提 要

《动画场景设计》是动画专业的必修课程之一。本书以大量风格独特的经典动画影片场景为例，用深入浅出的文字，以图文并茂的方式，全面系统地讲解了作为动画创作中重要造型设计的动画场景设计的基本理论，以及动画场景创作的基本手段与方法，以帮助读者建立科学的设计思维体系，学习并掌握动画场景的空间构成及表现技法。

全文结构严谨、内容丰富，作为教材，适用于动画等相关专业院校师生；对于从事动漫专业工作者、电脑动画工作者、动漫爱好者以及相关专业入学及考研均有参考价值。

动画场景设计
王 平 殷 俊 编著
责任编辑 许周鹓

苏州大学出版社出版发行
(地址：苏州市干将东路 200 号 邮编：215021)
丹阳市教育印刷厂印装
(地址：丹阳市西门外 邮编：212300)

开本 880mm×1 230mm 1/16 印张 8 字数 100 千
2006 年 12 月第 1 版 2008 年 6 月第 2 次印刷
ISBN 978-7-81090-773-6 定价：42.00 元

序

卡通是英文cartoon的音译，它的意思是动画片和漫画。辞典里对动画片和漫画的解释是：动画片是美术片的一种，把人、物的表情、动作、变化等分段画成许多画幅，再用摄影机连续拍摄而成。漫画则是用简单而夸张的手法来描绘生活时事的图画，一般运用变形、比拟、象征的方法，构成幽默、诙谐的画面，以取得讽刺或赞美的效果。近年来出现了一个比较热门的名词“动漫”，即是以上两种形式的合而称之，是卡通的一种新称谓。当然，如今的动漫由于电脑等高科技手法的介入和运用，在表现形式上也更加丰富多彩，视觉和音响效果都有了较大的提高，甚至还产生了像《狮子王》、《花木兰》、《汽车总动员》这类成本高昂、工艺复杂的卡通大片。

卡通的魅力是无穷的，其优势也是显而易见的，它体现了人类的聪明智慧、艺术创造和科学技术的发展，卡通能表现许多其他艺术形式所不能表现或者说还一时无法表现的东西。记得上世纪60年代，上海美术电影制片厂曾经出过一部根据我国古典名著《西游记》改编的动画片，叫做《大闹天宫》，影片中人物生动的造型、夸张的表现给我留下的印象极深，至今记忆犹新。

改革开放以来，国外大量的卡通涌入我国，这其中确实有许多优秀之作，如美国的《猫和老鼠》，在我国几乎是家喻户晓、无人不知。虽然这些年我们国产的卡通也出现过一些观众喜闻乐见的片子，但较之外来众多的卡通就显得微不足道了。

今天，随着社会的不断发展，卡通艺术也越来越受到人们的欢迎，有着巨大的商业市场和良好的发展前景。因为优秀的卡通不仅仅吸引着成千上万的孩子们，就是成人也会被它所影响，成为卡通的“粉丝”。

现在，不少国外和我国台湾地区的卡通公司都在大陆开设了工厂，利用国内的资源为其服务。许多艺术院校也都开设了动漫专业，培养卡通艺术人才，据说有的一届就招两千多人。每年不断增多的艺术类考生中，有不少是冲着该专业来的。因此，有人曾经预测卡通是21世纪艺术设计最热门的专业之一。

面对这一喜人的发展态势，苏州大学出版社在成功出版了几套艺术类教材之后，又邀请了国内较早开设动漫专业的上海大学数码艺术学院、南京师范大学美术学院、南京艺术学院、江苏大学艺术学院、苏州工业园区职业技术学院(泰山动漫)等多家院校的专家、教授，在总结国内外和以往教学经验的基础上，编撰了这套动漫教材。

这套教材具有前瞻性、创新性、系统性和实用性，全书深入浅出，图文并茂，始终将培养学生的创新思维和原创能力放在首位。

相信这套教材的出版一定会受到广大学生和专业人士的喜爱。

于枕河小筑

2006年9月10日

第一章

动画场景设计概论

第一节 ⊙ 何谓动画场景

一、动画场景的概念

所谓“场景”，据《现代汉语词典》(商务印书馆,1995 年版,第 124 页)的解释,是“指戏剧、电影中的场面”。“场景”是一个复合词,“场”是表示时间概念,是指戏剧影视中的较小的段落,即每个故事的一个片段,而“景”是表示空间概念,指景物。由此可见,“场景”指的是时间中的空间,动画场景设计就是指动画片中角色造型以外的一切物的造型设计,场景随着时间的改变而发生变化。

二、动画场景设计的本质

动画片的场景是叙述故事、展开剧情、刻画角色的空间环境,根据剧情的需要,动画片的环境被划分为一个一个的单元场景进行设计、制作,设计师需要按照一部动画片的总体空间造型的统一构思,对每一个单元场景进行设计。

一部动画片的主题当然是角色,而场景则是随着故事的展开,围绕着角色并与角色发生关系的所有景物,如角色所处的历史环境、自然环境、社会环境、生活场所和陈设道具等,也包括根据剧情需要而出现的群众角色,都属于场景设计的范围(图 1-1)。

图 1-1

动画场景的设计要求形式与内容相统一,既强调高度的创造性和艺术性,又不能脱离剧情的需要而任意发挥,走入为形式而形式的歧途,这是动画场景设计中必须避免的。

第二节 ⊙ 动画场景的特点

一、时间性

在各种平面绘画中,所表现的形象或动作是固定的、静止不变的,不能直接显示出时间过程,其对时间的表现只能是暗示性的,或是通过画面的内容来隐含时间的因素。而动画则是通过时间和空间来表现形象的时空艺术。在动画中,时间和空间共存共生,它在时间上是发展的、延续的,可以表现实际的时间。

在动画场景设计中,时间因素具有特别的意义。在动画艺术的发展历程中,积累了多种形式的时间处理手法,其中包括时间的延伸、变形、压缩和定格，以及时间因素对“蒙太奇”①手法的运用和剪辑的作用等。上述诸多时间处理手法是动画艺术创作的特有思维方式，这也是有别于其他绘画艺术的一个重要特点。

动画中的时间通常分为播放时间、叙事时间。

播放时间就是动画片播放的实际时间，也称片长。电影动画片一般在 80 分钟左右，电视动画片则通常在 5 分钟、10 分钟、20 分钟左右。动画片的容量取决于播放时间的长度，每个镜头、每场戏的长短直接影响到影片的结构、节奏和整体的叙事风格。

叙事时间指的是动画片中的视听语言展开的时间，即对故事内容进行描述、表现的时间。动画场景对叙事时间的表现，可以做到非常形象、直观。比如，用以表现时间概念，可以通过一个院落的空间场景来实现，画面构图固定不变，光线由院落一侧斜照过来，地面上有另一侧院墙的投影，然后地面没有了阴影，但光亮感很强，再后来光线从另一方向照过来，院墙的投影也换了一个方向，最后院落环境变暗，室内灯光亮起来。这就是以一种简单、直观的方式表现出一天中时间的流变（图 1-2、图 1-3）。

图 1-2

图 1-3

① 法语 montage 的音译。原义为构成、装配，用于电影方面，有剪辑和组合之意，是电影艺术的重要表现手段。一部电影是由许多不同的镜头组成的，因此在电影创作中，需将全片所要表现的内容分为许多不同的镜头，分别拍摄完成后，再按照原创作构思，把这许多分散的、不同的镜头有机地组接起来，使其通过形象间相辅相成的关系，产生连贯、呼应、悬念、对比、暗示、联想等作用，从而形成各个有组织的片断、场面，直至一部完整的影片。这种表现方法通常称为“蒙太奇”。

动画片中的时空关系可以突破常规的时间概念，根据故事情节的需要，既可以按照自然时序的规律表现时间，也可以任意进行切换组合，对动画的时间进行主观化的处理。因此，动画的叙事时间作为一种特有的表现手法，具有相当的自由度。

二、运动性

动画最显著的特点就是“动”，只有表现了运动才是动画区别于其他绘画的标志，也才能体现动画的价值和存在的意义。绘画中的一切都处在一个固定的空间，处于一种静止不变的状态，画面中人物的动作、物象的运动都要依赖于观者根据自身的生活经验所进行的联想、想像和推测；而动画最擅长表现的就是运动，时间因素、空间因素和运动是动画最基本的特征，在时间流动和变幻的过程中展开故事，展现空间的概念。

图 1-4

动画的运动性主要体现在两个方面：一是指角色或物体的运动以及由于物体的运动所造成的位移和变形。二是指由于镜头的运动（如推、拉、摇、移、升、降等）和镜头画面的景别、构图、角度的变化所形成的运动。

图 1-5

动画的运动不受时间、空间和自然规律、物理现象的限制和影响，可谓是天马行空，任意驰骋，极端自由。因此，进行动画场景的设计要最大限度地调动起积极的思维和适应性，充分发挥想像，巧妙构思，大胆创造，为人们提供完美的运动空间和艺术美感（图 1-4、图 1-5）。

第三节 ⦿ 场景在动画影片中的作用

一、交待时空

1. 视觉空间

视觉空间是指人物活动的环境空间，是一部动画片用以展开故事情节和事件的发生、发展过程的空间环境，它与影视故事的情节内容和叙事结构密切相关，因而也称之为叙事空间。视觉空间由自然的景和物与人造的景和物共同组成，具有可视与具象的特征。它的作用在于交待故事发生与发展的地点和时间，必须符合剧情内容、事物的性质和特点，准确体现时代特征，体现故事发生的地域特征、民族特征和文化特征，体现人物生存的空间氛围和时代风貌(图1-6)。

图1-6

特定的历史阶段，激发和引领观众的情绪进入剧本所设定的情境之中(图1-7)。

图1-7

2. 联想空间

联想空间是指由视觉空间中的各种造型因素综合构成的情调和氛围，在作用于观众的视觉和感觉系统后，通过观众的联想和自觉的心理描述，构建起一个具有抽象思维特征的空间环境形象。动画片场景中的联想空间由视觉空间而产生，但又外在于视觉空间，由观众的主动参与而发生作用。一部动画片往往通过一些特定的视觉空间，构建一个贯穿始终的联想空间，它能够将观众的兴奋点调动起来，并根据剧情的发展集中在某个

二、渲染气氛

在场景设计中，根据剧本的要求，需要从剧情出发，营造出各种不同气氛的环境空间。这里的气氛必须与角色的情绪相呼应，通过环境空间的不同基调准确地传达出各种复杂的情绪，如孤独(图1-8)、悲伤(图1-9)、紧张(图1-10)、烦躁(图1-11)、温馨(图1-12)、热情(图1-13)、浪漫(图1-14)等。

图1-8

图1-9

图 1-10

图 1-11

图 1-12

图 1-13

图 1-14

图 1-15

三、刻画角色

动画片中的角色与一般的影视片中的角色不一样。一般影视片中的角色专指人物而言，但动画片中的角色则要宽泛得多，可以是人物，也可以是动物或植物，甚至可以是桥梁、建筑、家具、汽车、云朵、海浪等，一切有生命或无生命的对象均可以进行拟人化的塑造与刻画，它打破了现实世界中的逻辑系统，想像力在这里处于主宰地位，这是动画片提供给我们的自由的创作空间（图1-15）。

角色与场景之间是相互依存的关系。角色的活动必须在一定的空间中展开，场景为角色的性格塑造和活动提供环境空间，即在典型的环境中表现典型角色的典型性格。刻画角色就是展现角色的性格特点、精神面貌和心理活动。

场景刻画角色必须以角色的个性为依据，以此来确定场景的内容和特征，运用各种不同的造型因素和手段，塑造符合剧情需要、展现角色性格、突出角色个性的场景形象。需要强调的是，在设计过程中，必须在比较和对比中寻找差异，使设计作品具有鲜明的个性特征，能够突出所要表现的内容。

场景刻画角色包括物理空间和心理空间两个方面。物理空间是指角色的兴趣爱好、职业特征、生活习惯等，心理空间则是表现角色内心活动的形象空间。心理空间是角色情绪和情感的外化与延伸形式，可以对角色的心理活动和情感世界进行烘托，具有抒情和表意的功能。场景对角色心理的烘托所运用的手段和造型元素是多种多样的，如结构、色彩、光影以及镜头的调度等，这些都是塑造角色心理空间的重要手段。多数情况下，在场景设计中，各种不同的造型元素和手段往往是综合运用的，以最大限度地满足刻画角色的需要(图 1-16)。

图 1-16

四、强化冲突

每一部动画片或者每一部影视作品，在叙述故事、刻画人物的时候，都会设计一定的矛盾冲突，而这个矛盾冲突往往是一部戏中的重头戏，也是一部戏的高潮，是主要事件中主要人物活动的主要场景。故事中的矛盾冲突通过剧情中矛盾的不断激化、升级，再激化，最后达到高潮，这个过程正是吸引观众之所在。矛盾越是激烈，越能吸引观众，从而达到惊心动魄、引人入胜的效果。根据剧情的需要而设置的场景变化可以直观地、有效地表达和强化剧中的矛盾冲突(图 1-17)。

五、推动叙事

在通常情况下，影视剧中的叙事功能，主要是由演员的表演来实现的，其中包括台词和形体动作等。但是，在动画片中，场景的叙事效果是不能忽视的，在某些情况下，场景可以在没有角色出现的情况下独立地推动叙事，从而实现叙事的功能，甚至比角色的表演更能打动观众，收到“此时无声胜有声”的效果。

图 1-17

第二章

动画场景的创作方法

第一节 ⊙ 动画场景设计的种类

动画场景一般分为内景、外景和内外结合景。

从故事题材的角度分类，动画场景可分为现实生活类、古代生活类、科幻类、魔幻类等；从场景所要表现的内容分类，动画场景可分为自然风景类、城市建筑类、意象空间类（科幻、魔幻等想像中的而非现实生活中所具有的场景）和抽象的气氛场景类（不出现任何具象的实物，只用一些抽象的构成或符号来传达人物的情绪变化）等（图 2-1、图 2-2、图 2-3、图 2-4、图 2-5、图 2-6、图 2-7、图 2-8）。

图 2-1　现代生活类

图 2-2　古代生活类

图 2-3　科幻类

图 2-4　魔幻类

图 2-5 自然风景类

图 2-6 城市建筑类

图 2-7 意象空间类

图 2-8 抽象类

第二节 ◉ 动画场景设计的构思方法

一、以剧本为依据，树立整体造型意识

在进入动画场景设计之前，必须熟悉和理解剧本的内容和主题，了解历史背景，明确时代特征和地域、民族特点，深入分析人物角色，把握主题，确立动画片的风格类型。在此基础上，深入生活，广泛收集素材，使场景造型与作品的主题相符合，其所反映的时代特征、地域特色、民族特点都能服务于角色的塑造，即形式服从内容，环境空间的营造要能围绕主题来展开（图 2-9、图 2-10）。

图 2-9 影片《埃及王子》中极富民族特色的场景

图 2-10　影片《千与千寻》中的主场景都是根据日本江户时代东京建筑公园的环境建筑设计制作的。宫崎峻从生活中提炼、创造出一个梦幻般的想像世界

整体造型意识是指一部动画片中总体的、统一的造型创作观念。需要把握的原则是：叙事时空的连续性、角色与场景的融合性、造型意识的大众性和艺术风格的整体性。作为一名场景设计师，要具有驾驭整个作品的能力，树立整体的造型意识，从宏观上把握整体的造型风格。

整体意识是一切艺术创作的基本要求。动画场景设计构思的正确方法是：先确立整体的思路，再进行各个局部的设计，最后进行总体的归纳整理。

在具体的设计和制作过程中，动画场景设计师要从导演的角度全面考虑设计方案，从叙事的需要出发，以角色的活动、动作为依据，以刻画角色为中心，使最后完成的场景设计能够深化主题，为故事的展开和剧情的表现提供合理的、恰如其分的空间环境（图 2-11）。

图 2-11

在当代许多优秀的影视作品中，形成了一种强调造型意识的趋势，即淡化语言表述的说明性、叙说性，强调造型语言的叙事性和抒情、表意的功能，如《红高粱》、《大红灯笼高高挂》、《英雄》等在造型语言方面都具有鲜明的特色。动画片可以吸收这些优秀电影中的视听表现手法，同时有机地结合其他手段，使每一种造型元素充分发挥作用，探索最佳的造型处理方式，形成具有鲜明特色的视听语言形象，从而吸引更多的观众。

二、把握主题，确定基调

场景设计是为表现主题服务的，在进行动画片场景设计的时候，必须牢牢把握剧本的主题，这是艺术表现的主线和思想实质所在。如何通过视觉形象准确地表达剧本的思想实质，首先要解决的问题就是要寻找和确立作品的基调。

动画片的基调好比音乐的主旋律，有一个基本的情调，或热情奔放，或英武雄壮，或庄严肃穆，或幽默诙谐等。动画片的基调是通过造型风格、情节节奏、人物情绪、色彩和场景气氛等因素的综合作用所表现出的情绪和情感的特征（图 2-12、图 2-13）。

图 2-12　影片《埃及王子》中的造型庄严肃穆、色彩斑斓

图 2-13　韩国动画影片《美丽密语》中的造型清新恬美、色彩美轮美奂

三、探索恰当独特的造型形式

动画场景的造型形式，是体现动画片整体风格、反映设计者艺术追求的重要因素。场景的造型形式直接体现出一部动画片的整体绘画风格、空间结构和色彩结构，因此设计者应该仔细研究整体与局部、局部与局部之间的关系，探求恰当而又独特的造型形式，并在此基础上形成自身的基本风格。

纵观世界各国动画片造型形式的演变、发展过程，可以发现，在每部动画片中，设计者都力求具有独到的造型风格。同时，有一个现象特别值得关注：这些动画片造型风格的演变、发展过程，恰恰是与世界造型艺术语言的演变、发展过程按照同一个模式走过来的，即从装饰绘画效果到写实效果，再由写实效果回归到手工绘制效果。这里的写实效果起先是由写实性绘画来完成的，当数字技术引入动画制作以后，即由三维软件技术来实现，但当这种写实效果走到极端以后，引起了人们的审美疲劳和厌烦，代之而起的是对传统手法的回归，即尽量少用或不用数字技术，采用 20 世纪上半叶流行的人工勾线水彩着色的方法，追求返朴归真的艺术效果，使人产生亲切感（图 2-14）。

多年来，美国、日本和韩国的动画片都在造型形式的探索上做出了努力，尤其是以迪斯尼为代表的美国动画片，创造了许多具有独特风格的造型形式，在全球范围内取得了决定性的成功。这取决于设计者的整体构思、准确把握主题和确定基调、不断探索新的造型形式，并具有属于自己的独特风格。迪斯尼动画片的成功充分说明，不同主题内容的动画作品，必须采用不同的表现语言，寻找恰当的、独特的造型形式（图2-15）。

图 2-14　迪斯尼早期的动画影片场景造型、角色造型圆润柔和

图 2-15　迪斯尼动画影片《花木兰》以中国古代故事为题材，场景、角色的造型、色彩具有东方神韵

第三节 ◉ 动画场景画面构图的处理方法

“构图”在中国古代画论里称为“经营位置”，它是指画面中的整体性布局。一幅场景设计是否符合美学原则，取决于景物与景物之间、景物与其他基本形态之间是否交融，位置关系的处理是否赏心悦目，各个部分的比例尺度是否适合观众的审美需求，即构图是否合适、恰当。因此，动画场景画面构图的处理，必须做到画面中的各类景物相互之间穿插合理，形成一种和谐的主次关系、疏密关系、层次关系、空间关系、色彩关系等。场景设计时，需要反复斟酌，画面各景物之间往往要作必要的删改和添加，体现出一种自然的情趣，使各个部分的摆布恰到好处，要避免将关联度不大甚至毫不相干的东西生硬地拼凑在一起，以免显得杂乱无章、主次不分（图 2-16、图 2-17、图 2-18、图2-19）。

图 2-16　轴线构图

图 2-17　对角线构图

图 2-18　三角形构图

图 2-19　环形构图

第四节 ⦿ 动画场景的空间构成

世界上的一切有形物体，无论怎样千变万化，都具有具体的形态和一定的构成要素，其最基本的形态要素是点、线、面、体四种，由这四种基本的形态要素进行组合，便可以创造出无数具象的和抽象的造型，构成要素是指物体的大小、方向、明暗、色彩、肌理等。

在研究动画场景的空间构成之前，首先要对各个形态要素和构成要素的基本常识和特征进行学习和研究，然后，用它们去表现丰富多变的动画场景。

一、点

"点"是一切形态的基础。在几何学定义上，点只有位置而没有大小，是最小的空间单位。点是线的开端和终结，两个线段的相交处即构成了点。

点是具有空间位置的视觉单位，它是相对于形态和面积而言的。它没有上下左右的连接性和方向性，其大小不得超过作为视觉单位的"点"的限度，否则，它就失去了点的性质，而变成了"形"或"面"了。其区分的界限，取决于所处的具体位置的对比关系。例如，夜空中闪烁的星星，尽管有的星球之大超过地球上百倍，但在无尽的宇宙当中，它却成了一个点。又如，一艘巨轮相对于浩瀚的大海而言，便具有了点的性质。因此，凡与周围其他造型要素相比较具有凝聚视觉的作用的形体，我们都可以称之为点。

点在画面中的作用是作为力的中心而存在的。当画面中只有一个点时，我们的视线就会集中在这个点上。因此，点在画面的空间中具有张力的作用，在视觉心理上有一种扩张感。当空间中有两个同等大小的点存在时，其张力作用就表现在连接两个点之间的视线，我们的视线就会往返于两点之间，形成一段无形的心理上的线。如果空间中有三个点在三个方向散开时，其张力作用使我们的视线将三个点连接为一个虚构的三角形。如果有更多的点同时存在，视线便产生复杂的相互连接而构成虚面。如果画面中出现不同大小的点时，我们的视线首先会集中在大点上，然后再向较小的点转移。

点的构成有很多种方法。以同样大小的点作等距离的排列，有井然有序、规整一致的美感，但同时也会显得单调和呆板。以不同大小的点作等间隔的排列，不仅能产生丰富的变化，而且显得活泼跳跃，具有强大的力量感。以不同明度的点作重叠排列，可以产生丰富的层次。如果以不同大小的点作不同间隔的排列，则可产生更加丰富的变化，构成最复杂的空间变化效果。

虽然点是造型元素中最小的视觉单位，但它的存在及位置排列与整体的空间构成关系相当密切，因此，点与形的关系具有实质性的意义。在动画场景设计中，有许多是以点为元素来构成的(图 2-20)。

图 2-20

二、线

在几何学定义上，线是点进行移动的轨迹，是一切面的边缘和面与面的交界。线只具有位置和长度，而不具有宽度和厚度。

图 2-21

从造型语言的角度看，线的存在有两种形式。一种是用以区分物体之间界限，在面与面的相交部位或单一面的边缘处，能够将物体清晰、完整地勾勒出来，这种线明确地存在于形体的表面，是可视的、直观的。另一种是在两个面的交接处或在立体形的转折处，以及不同色彩的交接处，这种线是非直观的、隐性的，在视觉上并不出现明确的线，而只有一种线的位置感觉，要靠观者的视觉经验才能判断(图 2-21)。

线在画面的形态造型中具有重要的意义。画面构成中的线，有着具体的位置和形态，无论是粗线还是细线，也无论是直线还是曲线，都给人以明确的视觉效果。在造型中，线比点具有更强的感情和性格的成分。

在各种线型中，直线象征男性，能表现出力量的美感。其中，粗直线使人感觉坚强有力，同时也有粗笨、钝重的感觉。细直线则使人感觉纤细、敏锐和神经质。用尺子画出的直线是一种无机线，它不像徒手画出的直线那样，具有一种人情味，而是使人感觉冷淡、坚硬、呆板。而曲线则象征女性，其中的几何曲线是借助于尺子和圆规绘制而成的，比之直线较有温暖的感情性格。几何曲线具有一种速度感，使人体会出柔软、幽雅的情调。自由曲线是最具有活力的线型，它由设计者徒手绘出，是用圆规和直尺表现不出来的曲线，具有自由、活泼的女性特征。自由曲线的美，主要表现在自然的伸展和情绪的抒发，富于弹性，如钢丝或竹条，具有对抗外力的反作用力的感觉。

线可以用来表明形的方向，还能够用以形成形体的骨架，成为结构本身的组成部分，并作为形体的轮廓而将形体从外界环境中分离出来。其构成方式多样，或连接或不连接，或重叠或交叉，根据其在粗细、方向、角度、距离及间隔等方面的变化而产生不同的线型和构成效果。

在动画场景造型中，线的作用是极其重要的，而且从来没有被舍弃过，特别是在传统的动画片中，角色的造型都是通过线条勾勒出来，再上色完成的。线既是角色的轮廓，也是角色造型的组成部分。因此，场景的造型必须与角色的造型风格相统一。在世界各国动画的造型风格发展中，虽然由于数字技术的普遍运用，三维动画已相当普及，但以线造型又有回归的趋势，原因就在于以线造型具有非常丰富的表现力。

三、面

面在几何学中的含义是线移动的轨迹。垂直线平行移动为方形，直线回转移动为圆形，倾斜的直线进行平行移动成为菱形。直线以一端为中心，进行半圆形移动为扇形；直线作波形移动，能表现出旗帜飘扬的形状。面也是立体形的界限或交叉。

在造型上，面作为一种形，具有长度和宽度两度空间。它是一种二维空间，由长度和宽度构成。

图 2-22

在构成造型中，正方形、三角形和圆形被称为基本形，如同色彩中的三原色。其中正方形的特征在于垂直与水平，三角形的特征是倾斜与角度，圆形的特征为曲线与循环。面具有多种形态，这些不同形态取决于它的外轮廓线。它在造型中所形成的多种形态，是场景设计中的重要因素（图 2-22）。

四、体

体在几何学定义上是面的移动轨迹，它是一种由长度、宽度和高度共同构成的三维空间。

作为一种造型形态，它具有体积、容量和重量的特征。从构成形态看，根据形态构成的基本要素分类，体可分为点立体、线立体、面立体、块立体和半立体等多种类型。

图 2-23

点立体是一种以点的形态在空间中所产生的具有视觉凝聚效果的形体，如花朵、飞鸟、气球、灯泡等。线立体是以线为特征的形态在空间构成中所产生的形体，如旗杆、高压电线等。面立体是以片面的形态在空间构成中所形成的形体，如建筑物的立面、门、广告牌等。而块立体是以三维的形态在空间构成的立体形。所谓半立体是以平面为基础，将其部分空间设计为立体形态。

点立体具有跃动、活泼的视觉效果。线立体可以导引视线的深度感。面立体具有区分和分隔空间的效果。块立体富有重量感，在场景造型中，即使是用轻质材料制作，但由于其形状的视觉效果，而使人产生厚实沉重的感觉。而半立体的空间构成效果主要在于平面凹凸的层次感，以及变化丰富的光影效果（图 2-23）。

第五节 ⦿
动画场景的空间表现

一、空间的概念

所谓空间，是相对于实体形态的虚空形态，是由形与形之间所包围的环境形成空间的形态。空间这种形态是我们摸不到也抓不着的，但它却是切实存在的，是由我们的视觉经验来确定的。在动画片中，所有的三维空间效果都必须通过二维平面来表现，这是视觉艺术中所有的立体空间与平面绘画表现的矛盾之所在。

二、动画场景的要素与分类

1. 动画场景的构成要素

（1）物质要素：景观、建筑、各类道具、装饰和人物、动物等。

（2）造型要素：各类景物的外形、色彩、光影等。

（3）图形符号：各类文字或图形，如八卦图、太极图、麦当劳的“M”标志等（图 2-24）。

图 2-24　太极图以及麦当劳的“M”标志

2. 动画场景空间的分类

（1）内景。

在动画场景结构中，内景是被包围在形体内部的空间，如室内、车内、山洞内、管道内等。内景是一种封闭的环境，且空间较小（图 2-25）。

（2）外景。

在动画场景结构中，外景是被隔离在形体外部的一切空间。外景是一种开放的空间，它包括人们知道和不知道的一切宇宙空间（图 2-26）。

（3）内外结合景。

内外景结合是将内景和外景置于同一个空间中，便于故事情节的展开所需要的内景与外景之间的转换（图 2-27）。

图 2-25

图 2-26

图 2-27

三、空间形态的心理感受

空间形体是指空间的形状。从心理学的角度而言，不同的空间形状，可以导致人们产生不同的心理反应。

高而直的空间，在视觉上具有向上延伸的效果，会使人产生崇高、神圣和升腾的感觉，如教堂、原始森林中的树木、高层建筑中的中庭等（图 2-28）。

图 2-28

高而宽的空间，在视觉上具有稳定、宽阔的效果，能使人产生博大、畅怀的感觉（图 2-29）。

图 2-29

四方形的空间具有坚固、稳定的视觉效果，给人以安定、凝重的感觉（图 2-30）。

图 2-30

圆形空间使人感觉圆通、柔和、顺畅(图 2-31)。

图 2-31

三角形的空间给人以压抑、迫塞和倾斜的感觉(图 2-32)。

图 2-32

四、塑造场景空间的方法

动画场景空间可分为两大类,即物理空间和心理空间。

物理空间是由实体显现并限定的空间,包括视觉空间和联想空间。心理空间则是实际上并不存在、不能通过视觉感官所接受,但能被感知到的空间。它的本质是实体形态向周围的扩张,即通常所说的空间张力,这是人类视知觉器官以外的感觉系统的作用所致,也是人类自我心理暗示和自觉进行心理描述的结果。

试举例说明空间感:在一个餐厅里,第一个买好饭菜的人,将找一个他认为最佳的位置坐下,第二个人如果不是第一个人的家人、朋友或熟人,则一定会选择离第一个人较远的位置坐下,再后来的人直到没有合适的空位子时,他才会端着饭菜紧挨着别人坐下,这就是心理空间在起作用。作为一个个体,每一个人都有自己的私人空间场,也称"微观空间"。

因此,要塑造适宜的场景空间,就要求我们必须充分利用人类自身的空间场的特性,来设计、创造出恰当的空间感。

1. 加强景深

所谓景深,就是指场景前后的距离,加强场景的深度感,在视觉效果上拉开距离,便可以有效地增强场景的空间感。

(1)透视原理。

同样大小的物体或是同一件物体的不同部位,在不同的距离,投射在人的眼睛的视网膜上的影像大小不同,距离近的大,距离远的小,此即"近大远小"的透视原理(图 2-33)。

(2)利用遮挡。

物体的前后遮挡是用以判断前后空间关系的重要方式。如果一个物体部分地被另一个物体所遮盖,据此我们可以判断:前面的物体被认定为距离较近,而部分被遮挡的物体则被认定为距离较远些。当角色在活动时或者镜头在移动时,遮挡的改变过程使我们更容易、更方便地对物体的前后关系作出判断(图 2-34)。

图 2-33

图 2-34

(3) 利用光影。

光影关系不仅是构成立体感的重要手段,而且是塑造空间距离和深度感觉的手段。场景中的明暗,即光亮和阴影的分布是产生空间感的重要因素。例如,塑造一个地下隧道的空间,如果洞口很暗,洞里面明亮,隧道空间就会产生深远的感觉,显得非常通透,并且具有一种引导感,使视线有向深处进入的意向。明亮的区域越小,就显得越远。反之,如果洞口亮,洞里面黑暗,则会使人感到恐怖、压抑和封闭,令人驻足不敢向前(图 2-35)。

图 2-35

2. 利用比例关系

当有两个或两个以上的物体在同一个空间中同时存在的时候,它们相互之间便会产生关联和作用力。准确地把握比例关系,可以产生不同的空间效果。

当一个人出现在一个房间里,如果这个人的身高与他到房顶的距离比为 6.5∶4,也就是黄金分割比时,比例关系合适,令人感觉和谐、亲切。当比例大于黄金分割点时,即一个大高个进入了这个房间,比例关系的改变使人感到压抑、局促、拥堵。当比例小于黄金分割点时,即一个小个子进入了房间,会使人感到松散、零乱,产生虚幻的感觉。

3. 利用角色调度

为了有效地塑造场景空间,在封闭型的场景中避免拥堵感,应增加主场景中的通透空间效果,使得主场景空间产生向多个方向的扩张感,从而强化场景的层次感和运动感,让观众得到主场景空间之外还有空间的暗示,扩大视觉空间(图 2-36)。

图 2-36

4. 不同空间物体的融合

将完全没有联系的不同空间的物体结合起来,使它们彼此融合,产生一种新奇的空间融合效果(图 2-37)。

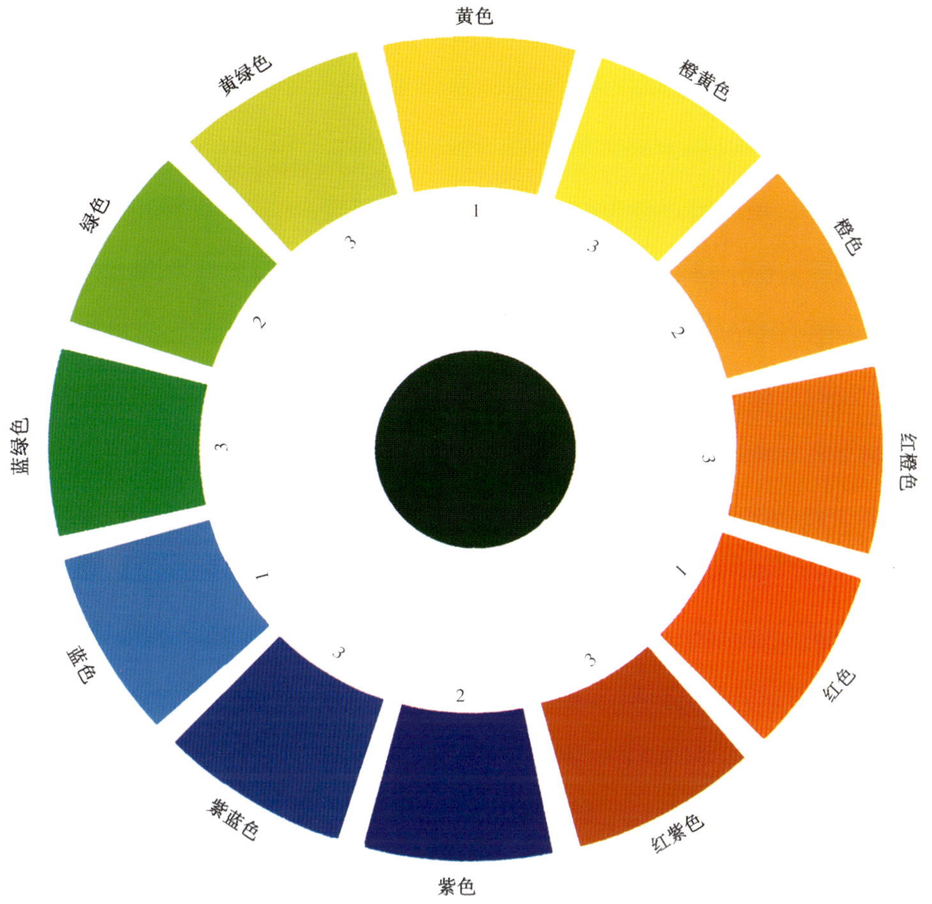

图 3-3　十二色色相环

图 3-4　色相的明暗度

黄明度最高，紫罗兰明度最低，其他各种色相均处于浅灰和深灰之间（图 3-4）。二是指同一色相的明度，因受光线照射的角度不同而产生明度强弱的变化，如画圆柱体时的“三面五调”就是这个概念。三是指同一色相混合不同比例的黑、白、灰而形成不同的明度变化。

明度在色彩的三要素中具有较强的独立性，它可以不带任何色相的特征而通过黑、白、灰的关系单独呈现出来，而色相与纯度则必须依赖一定的明暗才能显现。色彩一旦出现，明暗关系就会同时出现。在无彩色系列中，最高明度为白色，最低明度为黑色，二者之间为深浅各异的灰色。

3. 纯度（也称饱和度、彩度）

纯度是指色彩中含彩量的程度，也就是表示颜色中所含有色成分的比例。含色量比例越大，则色彩越纯，比例越低，色彩的纯度就越低。色彩在纯净状态时就是该色相的标准色。光谱中的各种单色是最纯的颜色，为极限纯度。

我们的视觉能辨认出的有色相特征的色彩，

都具有一定的鲜艳度，如在绿色中混入白色时，变成浅绿色，虽然仍具有绿色相的特征，但明度提高了，它的鲜艳度则降低了；当它混入黑色时，就变成了暗绿色，不仅鲜艳度降低了，明度也转暗了；当混入明度与绿色相近的中性灰色时，成为灰绿色，它的明度没有改变，但纯度降低了（图 3-5）。

图 3-5　纯度序列

在我们的视觉所能感受到的色彩范围内，没有绝对的纯色，即使是色相环上的颜色其纯度也只能说是相对较高。因此，我们感受到的色彩都有一定的含灰量，差别只在于含灰量的多少。此外，纯度能体现色彩的内在品格。同一个色相，即使纯度发生微小的变化，色彩性格也会随即发生转变。纯度变化对人们的心理影响极其微妙，不同年龄、不同性别、不同职业、不同文化背景的人，对于色彩纯度的选择有很大的差异。

第二节 ⦿ 色彩的基调

色彩基调是指色彩之间相互搭配所呈现出来的整体的色彩倾向。它是由色彩三要素中的一个要素为导向所形成的色彩关系。例如，以色相为导向的基调，有红色调、黄色调、蓝色调等；以明度为导向的基调，有明色调、中明色调、暗色调等；以纯度为导向的基调，有艳色调、中性色调、灰色调等。可见不同颜色的组合，可以产生变化无穷的色调。所以，色彩的基调是由主导色、辅助色和点缀色的相互搭配而形成的，即主导色、辅助色、点缀色是组成基调的基本元素。

主导色是通过各种关系比较而形成的，它控制整个画面的色彩倾向。主导色在整个基调构图中占据的面积与色量最大，而且所处的位置较显著，故而对画面起着主导作用。主导色可以是单色的，也可以是同一类性质色域的颜色群。如果能在画面中巧妙地运用主导色，实际上就掌握了基本色调变化的主动权。

辅助色的面积与色量占次要地位，作为衬托主导色的辅助色，它是主导色的主要对比色。主辅关系的建立主要是通过冷暖、灰艳、明暗、色相等的对比手段来表现的。

点缀色相对于主导色、辅助色而言，是在基调中起点缀作用的颜色。在画面中点缀色占有的色量与面积最小，主要调节“主”、“辅”两个部分在画面中造成的过强或过弱的关系，如“万绿丛中一点红”的红色点，是典型的点缀色。

人们在生活中长期积累起来的视觉经验，对色彩的体验往往有着本能的感知，见到红色会自然地联想到阳光和火焰，见到蓝色又会联想到夜空和海洋，阳光和火焰是温暖的感觉，而夜空和海洋则是阴凉的感觉。因此，人们便称红色为“暖色”；而称蓝色为“冷色”。于是，色彩学中便引申出色彩的冷暖基调。在一个画面中，色彩的明暗、纯度处理也会有一个总的倾向。因此，色彩的色相基调、明度基调和纯度基调统称为“色彩基调”。在场景绘制中，明度是色彩组合中较具有影响力的因素，一般所说的色彩基调主要是取决于色彩的明度。

在动画场景绘制时，要十分重视色彩调性风格的统一，不但每场戏的色彩气氛要统一，而且要把握住每个场景的色彩基调，并注意在基调统一的情况下，把握基调中出现明度、纯度、色相、冷暖等微妙的变化关系。每一个画面必须有一个主色来统一基调，其他颜色都与主色构成对比调和的关系。

一、色相基调

色相基调是指以一种色相为主的色彩倾向。由于色相可以引起强烈的心理效应，因此具有明确的色相基调，可以强化画面的心理效应，有助于产生深刻的印象，便于识别，便于记忆。此外，同一种色相基调，由于色相的对比关系不同，也可以在视知觉上产生不同的感觉。

1. 暖色调

（1）绝对暖色调。

高比例暖色相，色彩纯度往往很高。色彩效果热烈、丰富、沉着，类似于盛夏阳光下的视觉感。

（2）偏暖色调。

相对低比例暖色相，色彩纯度偏高。色彩效果温和、活跃。

2. 中性色调

（1）中性偏暖色调。

高比例中性色，少许暖色。所谓中性色，一般是指色相环中绿色、紫色和中性的黑色、白色，以及调配出来的赭石、熟褐一类不稳定的颜色。中性偏暖色调的色彩效果柔媚、含蓄。

（2）绝对中性色调。

由无彩色的两极色黑和白与高比例的中性色群相混合。色彩效果沉静、祥和，给人以中性、柔和、梦幻、甜美的感觉。

（3）中性偏冷色调。

高比例中性色，少许冷色。色彩效果含蓄，具有变化性，有阴凉感。

3. 冷色调

（1）绝对冷色调。

高比例冷色相，色彩纯度通常不高，明暗变化不大。色彩效果阴冷、神秘。

（2）偏冷色调。

相对低比例的冷色相，色彩纯度偏低。色彩效果含蓄、清冷，易变化，具有平静寒冷的色感，接近于阴天效果。

二、明度基调

明度基调是指色彩结构中以明暗的对比关系所显示的特征，这种特征可以以音乐中的调子作比较，低调就是暗色调，中调就是中间灰色调，高调就是亮色调，全长调就是强亮色调。音乐中有了不同的调子才能构成乐曲，色彩结构中有了调子，才能使颜色构成具有各种不同情感的色彩效果，令人赏心悦目。

为了便于研究明度变化的关系，我们把复杂的明度关系归纳为四大类、十种基本调子：

1. 强亮调

全长调，强明暗亮度对比关系。色彩效果单纯、强烈，具有率直的感觉。

2. 亮色调

（1）高长调。

强明度对比关系。色彩效果明亮、活泼、清

澈，给人以明快、开朗、坚定的感觉。

（2）高中调。

一般明度对比关系。色彩效果明朗、愉快、安稳。

（3）高短调。

较弱明度对比关系。色彩效果清新、优雅、柔和，使人产生亲切感，富于诗意。

3. 中间灰色调

（1）中长调。

较强明度对比关系。色彩效果坚硬、深刻，富有阳刚之气。

（2）中中调。

弱明度对比关系。色彩效果丰富、饱满、含蓄。

（3）中短调。

较弱明度对比关系。色彩效果柔和、朦胧、模糊、深奥且沉稳。

4. 暗色调

（1）低长调。

强明度对比关系。色彩效果清晰、强烈，具有极强的视觉冲击力。

（2）低中调。

中明度对比关系。色彩效果深沉、厚重、稳健、有力度。

（3）低短调。

弱明度对比关系。色彩效果沉闷、黑暗、压抑。

三、纯度基调

纯度基调是指色彩结构中以纯度的对比关系所显示的效果，即以高、中、低纯度为画面基调的组合状态。

1. 高纯度基调

高比例纯色组合，坚定而明快，给人以丰富多彩、原初感和平面化的感觉，易使人联想到节日的气氛，热情、欢乐、华贵、艳丽。

2. 中纯度基调

高比例中纯色组合，给人以稳定、厚实而又丰富的感觉。

3. 低纯度基调

高比例低纯色组合，飘动而朦胧，给人以文静、典雅、柔和的感觉，易使人联想起文雅、娴静的性格，以及理智的、内在的意蕴，具有超脱感。

第三节 ⊙ 色彩的对比

色彩对比是指两种或两种以上性质相反的色彩并置在一起时，由于色与色之间相互影响的作用而显示出差别的现象。在我们的视觉中，任何一种色彩都是在对比状态下存在的。色彩性质差别的大小决定着色彩对比的强弱程度，所以，差别是对比的关键。如果我们用对比的眼光来看色彩世界，就会发现世界上的色彩是千差万别、丰富多彩的。色彩虽然千差万别，种类繁多，但归纳起来可分为，以色相差别为主的色相对比，以明度差别为主的明度对比，以纯度差别为主的纯度对比，以补色差别为主的补色对比。以上种种对比都会因为差别大而形成强对比，因差别小而形成弱对比，因差别适中而形成中等对比。每一个色彩的存在，必须具备形状、位置、面积、肌理等视觉要素。以这四种方式与关系构成的色彩效果又衍生出不同的对比类别，如形状对比、位置对比、面积对比、肌理对比等。色彩的任何一种对比效果都会给人以不同情调的审美体验。

一、色相对比

色相对比是当用各色相中未经掺和的色彩并置而出现差别时所形成的对比。红、黄、蓝是极端强烈的色相对比，当色相离开三原色时，色相对比的强度就会减弱，如橙、绿、紫在性质上就比红、黄、蓝三原色弱些，而使用复色的效果就更弱。色相对比在色彩设计中使用频率很高，在人的视觉感受中，它较明度对比更鲜明、饱满、生动和丰富。

通常，我们将色相对比的配色分为：同种色相的配色；邻近色相的配色；类似色相的配色；中差色相的配色；对比色相的配色；互补色相的配色。

24色相环是以圆周方式排列的，一个圆周代表360°，若以24个色相来平均分配，则每相邻一色便相隔15°。我们将相邻的色相称为邻近色，相隔60°左右的色称为类似色，相隔90°左右的色称为中差色，相隔120°左右的色称为对比色，相隔180°左右的色称为互补色。以这些角度作为基础加以变换，就可以得到多种配色方法，如果在其中加入黑、白、灰的无彩色系的混合，则变化就更多(图3-6)。

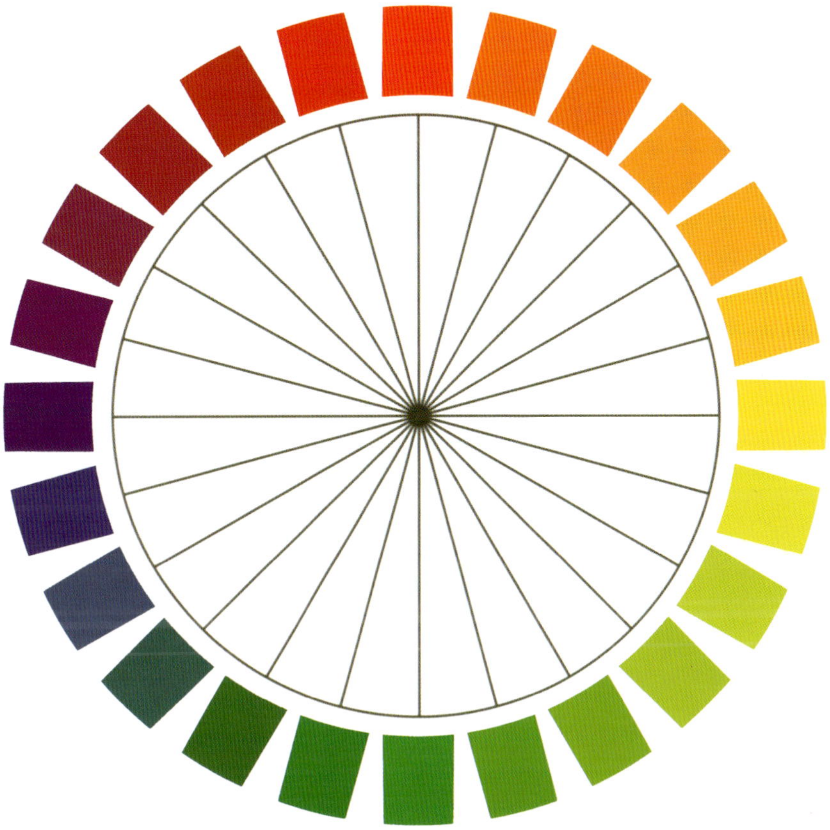

图3-6　24色色相环

1. 同种色相对比

同种色相对比由同一色相的浓淡进行对比，只有明度与纯度的变化，冷热变化不明显，是一种雅致而极具统一感的配色方法。

2. 邻近色相对比

在色环上顺序相邻的基础色相称为邻近色，对比的色相差别很小，如红与橙、橙与黄、黄与绿这样的色并置关系，称为邻近色对比，色彩对比非常弱。虽然是不同色相，但是相似于同一色相的配合。这是因为在红与橙的色对中，橙色已带红味，在黄与绿的对比中，绿色已带有黄味，它们在色相因素上自然有相互渗透之处。

邻近色对比的最大特征是具有明显的统一调性，或为暖色调，或为冷暖中调，或为冷色调，同时在统一中不失对比的变化。但是，这样的配色容易使人感到单调，必须借助于色彩的明度、纯度对比的变化来弥补色相感觉的不足。

3. 类似色相对比

类似色是指在色相环上非常邻近的色，如黄与黄绿、绿与蓝绿、蓝与蓝紫、紫与紫红这样的色相对比，称为类似色对比，即在24色色相环中相隔30°～60°左右的色相对比，是一种最弱的色相对比效果。类似色相对比要比邻近色相对比明显些。类似色相含有共同的色素，它既保持了邻近色的单纯、统一、柔和、主色调明确等特点，又由于色相间隔距离的拉大，从而加强了配色的丰富感，具有单纯、温和、朴实和融洽的效果。在类似色的配色中应注意调整明度和纯度的变化，以避免流于单调。

4. 中差色相对比

在24色色相环上间隔90°左右的色相对比称为中差色相对比，如黄与红、红与紫、紫与绿等。它介于类似色与对比色之间。因色相差别较明显，其对比效果也较明快。

5. 对比色相对比

对比色相对比是指色相环上间隔120°左右的三色对比，如玫红、黄与青，橙红、黄绿与蓝，橙、绿与青紫，黄橙、青绿与紫等，是一种强对比。这些对比色的对比关系要比类似色相对比更鲜明、更强烈、更饱和，色彩效果更显华丽、活跃，对比恰当能使人感到兴奋、激动；对比不恰当则令人眼花缭乱，刺激神经而心烦意乱。对比色相对比的色彩组合难度较大，不易取得和谐统一，必须注意色彩的明度、面积、位置关系，采用一些调和色彩的方法，能够使对比色相对比取得理想的效果。

6. 互补色相对比

互补色相对比是在色相环上相隔180°左右的色相对比，处于色相环的两极，因两色为互补关系，故称为互补色相对比，是一种最强的色相对比。比之对比色相的对比更完整、更强烈、更富于刺激性，是色彩的配置中很重要的一对，如红与蓝绿、黄与蓝紫、绿与红紫、蓝与橙黄等。这种互补色相配能使色彩对比达到最大的鲜艳度，它能强烈刺激人的感官，满足视觉和心理对全色相的需要，具有饱满、活跃、紧张、力量的特性，表现出一种幼稚、原始、粗犷的美感。由于互补色相对比的双方相互对立，配置时很难取得和谐统一，因此往往产生不协调、不含蓄、不安定的效果，一般多采用中性色去中和，缓冲过分的刺激，或者适当调整明度、纯度、面积和位置等，才能获得既鲜明又和谐统一的效果。

二、明度对比

明度对比是以色彩的明度差别关系而形成的对比效果。色彩间明度差别的大小，决定明度对比的强弱。明度对比在色彩设计中具有重要的地位。在动画场景设计中，景物的层次、体积感、空间关系主要靠色彩的明度对比来实现。在绘画中，我们常常把复杂的色彩关系画成明暗对比的素描关系，把自然中丰富的色彩拍成黑白照片，都是把复杂的色彩关系还原为明度的对比关系。如果在你表现的画面中，色彩关系没有正确地表现出明度关系，那么你的画一定会失去立体感和空间层次感。色彩的明暗可以从含白量与含黑量的多少来比较，但也有不含任何白与黑的各种纯色的明暗。最明亮的纯色是黄色，最昏暗的纯色是紫色。在色彩设计中，要把握好高明度秩序和低明度秩序，这样才能使亮色发挥它的纯度，而暗色也能显示它的活跃感。

明度对比，在视觉上给人以明朗、清晰、纯洁、柔和的感觉。根据孟塞尔色立体的明度中心轴，从白色到黑色之间分为等距离的九级色阶(图3-7)。

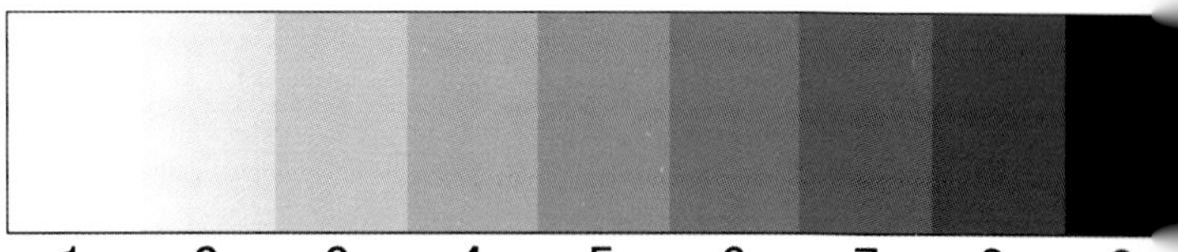

图3-7 明度色标

明度差在1～3级为低明度或称暗调，具有朴素、丰富、忧郁、苦闷、笨重、硬度、寂寞、压抑、浑浊感。

明度差在4～6级为中明度或称中间调，具有幻想、质朴、稳重、柔和、含蓄、甜美、庄重感。

明度差在7～9级为高明度，具有积极、快活、明朗、清爽、轻巧、柔弱、寒冷感。

明度对比的强弱决定于色彩明度差别的大小，分为三类：

1. 弱对比

由于对比的明度差在3～4级以内，色彩的对比反差距离不大，并且在视觉感应中反差较弱，故称为明度的弱对比，也称短调。

2. 中对比

由于对比的明度差在5～6级以内，在明度排列中反差高于弱对比又低于强对比，即为明度的中对比，也称中调。

3. 强对比

由于对比的明度差在6级以上，在明度排列中反差最强，因此为明度的强对比，也称长调。

明度对比中的低调、中调、高调：

低调：明度对比的低调是以明度排列中的弱对比为主，如弱对比在色彩设计中占有绝对优势，约占所设计作品面积的60%～70%，那么，这一作品的主调即为明度对比中的低调。

中调：明度对比的中调是以明度排列中的中对比为主，如中对比在色彩设计中占有绝对优势，约占所设计面积的60%～70%，那么，这一作品的主调即为明度对比中的中调。

高调：明度对比的高调是以明度排列中的强对比为主，如强对比在色彩设计中占有绝对优势，约占所设计面积的60%～70%，那么，这一作品的主调即为明度对比中的高调。

三、纯度对比

色彩间鲜或浊的程度的差别称为纯度对比。纯度对比既可以体现在单一色相中不同纯度色的对比中，也可以体现在不同色相的对比中。任一纯色与同明度的灰色相混，可得该色的纯度系列。任一纯色与不同明度的灰色相混，可得该色不同明度的纯度系列，即以纯度为主的系列。把不同纯度的色彩相互搭配，可形成不同纯度的对比关系。

色彩间纯度差别的大小决定纯度对比的强弱。以下我们将一个纯色与同明度的无彩灰色，按纯度差均匀地混合，建立一个由纯到灰的10个等级的纯度色标。按纯度高低分为高纯度、中纯度、低纯度三个层次（图3-8）。

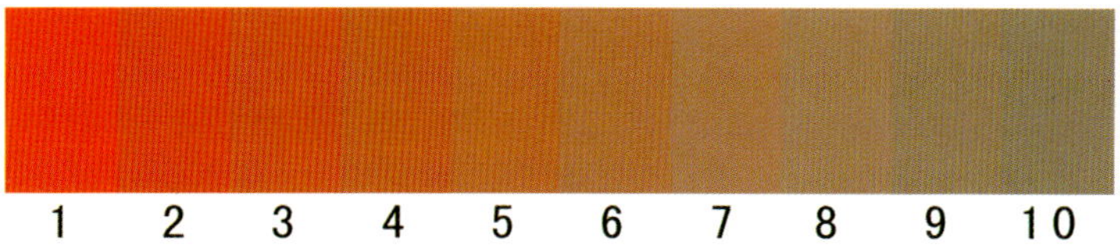

图3-8　纯度色标

高纯度：纯度差在2～4级为高纯度，给人以积极、活泼、快乐、强烈的感觉。如果运用不当也会产生恐怖、疯狂、低俗、刺激等效果。

中纯度：纯度差在5～7级为中纯度，给人以温和、中庸、文雅、柔软的感觉。如在画面中加入5%左右面积的点缀色就可取得理想的效果。

低纯度：纯度差在8～10级为低纯度，给人以平淡、消极、无力的感觉，但也有自然、简朴、超俗、安静、随和的效果。如果应用不当会引起脏、土气、悲观、伤神等感觉。如果加入适当的点缀色可使画面产生理想的效果，但点缀色的分量易被纯度高、明度高、对比强的色相对比及明度对比取而代之。

纯度对比分为三类：

强对比：纯度级差在8级以上为纯度的强对比，有鲜艳、生动、活泼的感觉。

中对比：纯度级差在5级以上、8级以下的为纯度的中对比，鲜灰对比适中，有稳重、老成的感觉。

弱对比：纯度级差在4级以内的为纯度的弱对比，鲜灰对比弱，有模糊、沉闷的感觉。

纯度对比越强，鲜艳一方的色相感就越鲜明，因而增强了配色的艳丽、生动、活泼及引人注目。纯度对比不足时，如鲜弱对比、中弱对比、灰弱对比，因纯度过于接近，易使画面产生含混不清的毛病。在应用色彩中，单纯的纯度对比很少出现，其主要表现为包括明度对比、色相对比在内的以纯度为主的对比，可构成极其丰富的色调。但是以纯度对比为主构成的色调，其最大的特点就是含蓄、柔和、耐人寻味，凡过分生硬、刺激，过分模糊、脏、灰、粉的配色都应从纯度对比方面查找原因，寻求解决的方法。

第四节 ⊙ 色彩的调和

任何一件视觉艺术作品，不论是绘画还是设计，也不论是二维还是三维空间的设计，均存在着色彩协调与否的问题，也就是是否调和的问题。色彩调和，通常是指色彩的秩序关系与色彩的量比关系应该符合色彩的审美规律和视觉的心理要求。换句话说，就是两种或两种以上的色彩协调而有秩序地组合在一起，并使人产生愉悦、舒适和满足感的色彩匹配关系。从画面的整体效果而言，调和的色彩首先应该具有统一感，但在强调统一的同时还要避免单调，即统一中也要求有变化。某些要素统一了，其他方面就要保持对比。完全一致的色彩或者完全不具备任何相同因素的色彩，都不能算是调和的色彩。

色彩调和一般可分为类似调和与对比调和两个方面。

一、类似调和

类似调和强调色彩要素中的一致性关系，其中包括同一调和与近似调和两种形式。

1．同一调和

在色相、明度、纯度三种色彩要素中，有某一种或两种要素始终不变，只变化其中一种或两种要素的，称为同一调和。当三要素中有一种要素相同时，称为单性同一调和，有两种要素相同时称为双性同一调和。

单性同一调和的形式有：

同一明度调和——变化色相与纯度；

同一色相调和——变化明度与纯度；

同一纯度调和——变化明度与色相。

双性同一调和的形式有：

同色相＋同纯度调和——变化明度；

同色相＋同明度调和——变化纯度；

同明度＋同纯度调和——变化色相。

以上所列表明，双性同一调和中的相同因素约占70%，因而比单性同一调和更具有一致性，统一感更强，尤其是在同色相又同明度的双性同一调和关系中，色彩的构成关系显得很单调，此时，就需要加大纯度对比的程度，才能获得调和的效果。

2．近似调和

在色相、明度、纯度三种色彩要素中，有某一种或两种要素近似，变化其他一种或两种要素的，称为近似调和。由于统一的要素由同一变为近似，因此近似调和比同一调和的色彩关系有更多的变化因素。

近似调和的形式有：

近似色相调和——变化明度和纯度；

近似明度调和——变化色相和纯度；

近似纯度调和——变化明度和色相。

近似明度＋近似色相调和——变化纯度；

近似色相＋近似纯度调和——变化明度；

近似明度＋近似纯度调和——变化色相。

无论同一调和还是类似调和，其实质都是为了追求统一中的变化，因此，既强调统一又注重变化是调和的宗旨。在色彩创作中，要切实把握好这个原则，解决好各色彩要素的组合关系。

二、对比调和

对比调和是指以强调变化而组合的色彩关系。在对比调和中，色相、明度、纯度三种色彩要素都可以处于对比状态，因此色彩构成的效果更加鲜明、生动、活泼。对比调和强调变化，但强调变化不能使色彩组合失去秩序与和谐。从色彩设计的原则上来说，无论哪一种形式的色彩组合关系都应该是对比下的和谐或是和谐下的对比，达到既变化又统一的和谐美。要达到这样的效果，主要不是依赖要素的一致，而要靠某种组合秩序来实现。

对比调和的形式有以下几种：

（1）在对比强烈的两色中，置入相应色彩的渐变系列，使对比变得柔和，形成色彩调和的效果。

（2）通过面积的变化使色彩趋于统一。

（3）在对比各色中混入同一颜色，增加共同的因素，形成和谐的效果。

（4）在对比各色的面积内，相互置放小面积的对比色，或者在对比各色面积中都加入同一种小面积的其他颜色，也可以增强调和感。

无论是类似调和还是对比调和，都不能局限在某一范围之内或是单纯从一个角度进行所谓的调和，必须能够立足于问题的全面，兼顾到各方面的因素，如均衡关系、秩序关系、呼应关系、量比关系、节奏关系等。

第五节 ◉ 色彩的装饰性

我们通常所指称的色彩可分为自然色彩与人工色彩。

所谓自然色彩，即是大自然中的景物在光线的作用下所呈现出来的色彩现象。这是一种不受人限制的自然物象，并且随着光线的变化，色彩关系不断地运动与变化。比如，雨后天晴的彩虹，呈现出红、橙、黄、绿、青、蓝、紫七种美丽的色彩组合；春天的桃红柳绿，夏日的绿树浓阴，秋阳下的红枫，寒冬里的红梅，以及蓝天白云、青山绿树等，皆为自然色彩。而人工色彩，则是人们依据自然界的色彩现象进行摹仿，或在不同程度上进行理想化的改变的色彩。人工色彩有写实性和装饰性之分。写实性色彩以自然的色彩现象为蓝本，追求客观真实、逼真细致的色彩效果。在西方古典绘画中，多为写实性色彩，尤其是安格尔的绘画，可谓极尽写实、逼肖之能事。装饰性色彩则注重对自然色彩进行提炼、加工，并根据创作的构思需要进行变化。装饰性色彩不要求再现物体对象本身的真实色彩关系，而是根据需要进行配置，比之写实性色彩，它可以采用概括、提炼的手法，表现出或单纯、或繁复的效果，或是追求浪漫、幻想的效果。总之，装饰性色彩强调创作者的主观因素，根据社会大众的视觉心理需求，偏重于色彩的主观创造和更加理想化的追求。

图 3-9 色彩的装饰性

第四章

动画场景的制作流程

第一节 ◉
二维动画场景制作

二维动画场景的制作比较接近于绘画，目前，场景绘制分传统手绘和电脑绘画两种。这两种方法并没有什么本质的区别，只是使用的工具不同，传统手绘是直接在纸上进行绘制，电脑绘画则是通过手写板直接在电脑上进行绘制，所以，最终的效果也有一些区别。相对来说，电脑绘制的方法较传统手绘更便于后期的制作，它省去了扫描输入电脑的过程。在实际制作中，场景绘制须严格按照设计稿规定的景别、风格、基调、角度、结构框架来制作。设计稿是指一部动画片的整体造型艺术风格，是在导演领导下，由原创设计人员具体设计制作出来的。原创设计人员通过塑造美丽生动的造型和新颖的风格，为整个片子进行演员角色组配和场景烘托，每个角色的造型要画几种角度的姿态和不同的表情，以及全部角色的比例和彩色稿。每个场景都要画出一张标准的气氛稿。设计稿对背景的要求非常具体，并且有详细的文字说明（包括光源、色调、明暗要求）（图 4-1）。在设计稿的基础上，需要进行场景设计图的制作。

图 4-1

一、动画场景设计图的制作

动画场景设计图是场景设计思想的体现。设计图包括很多方面，如效果图、平面图、立面图、鸟瞰图等。

平面图、立面图、鸟瞰图等被称为方位结构图。绘制这些图的目的就是要准确、清晰地将场景结构、方位表述出来。场景设计者应该用准确细致的图样，使剧组的其他创作者了解场景的具体空间形态、结构特点，为未来影片的场面调度提供可靠的环境、支点的依据，为镜头设计提供更方便快捷的思考空间。所以，在进行场景设计之前，就必须对这一场景进行整体的、详细的规划。

1. 平面图、立面图的基本画法

（1）制图中线的种类和用法。

制图中各种图形都是用粗细、形状不同的线段来表示的（图 4-2）。

名　称	线　形	宽　度	适用范围
标准实线		B	物体的可见轮廓线
细　实　线		B/4	尺寸线、剖面的轮廓线
中　实　线		B/2	立面图上的门窗及突出部分的轮廓线
粗　实　线		2B	剖面的轮廓线
折　断　线		B/4	长距离图面断开线
点　划　线		B/4	中心线、定位轴线
虚　　　线		B/4	不可见轮廓线

图 4-2

(2) 制图中的通用图例。

制图中有些特定的物体，需要用特定的符号表示(图 4-3)。

(3) 绘制平面图、立面图。

运用这些制图的线条规定及图例，我们就可以按照比例，完成一个场景的平面图、立面图的绘制了(图 4-4、图 4-5)。

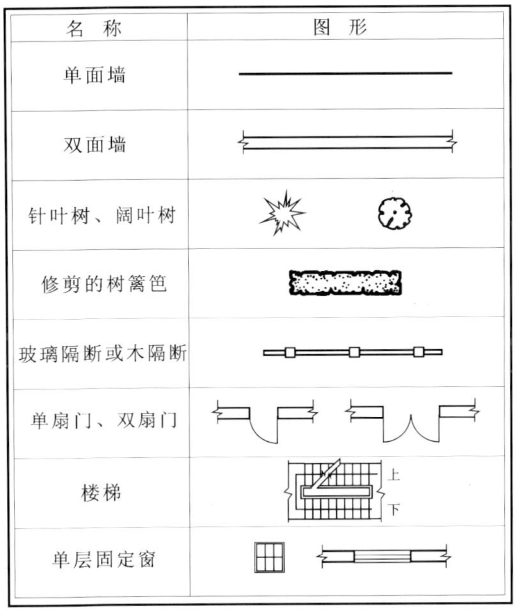

图 4-3

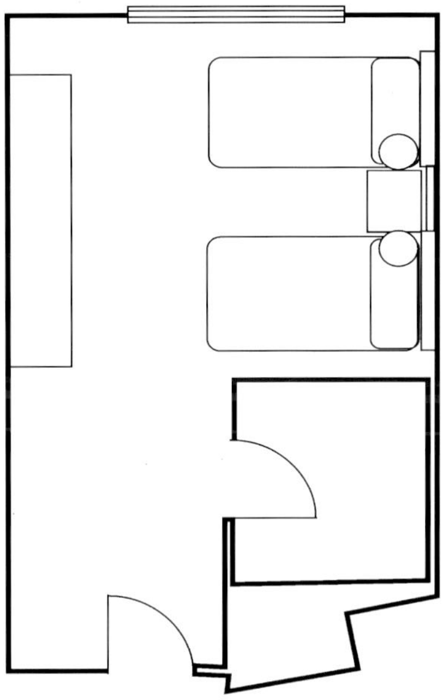

图 4-4

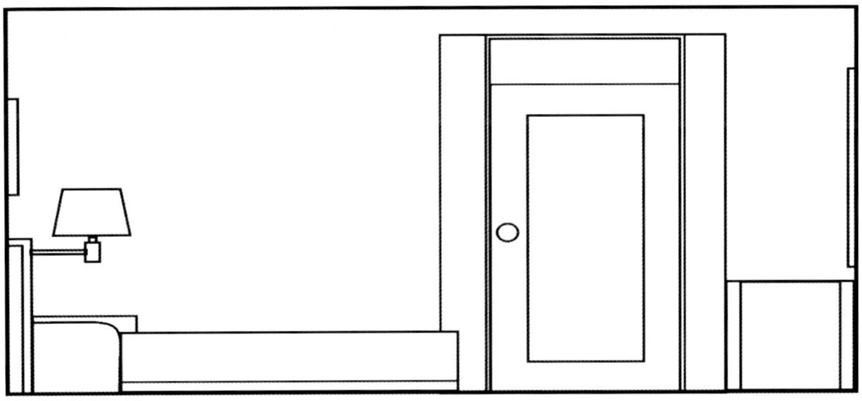

图 4-5

2. 鸟瞰图的基本画法

鸟瞰图是一种立体示意的辅助图，在一个画面上展现三个以上的面的结构，有助于了解结构复杂的场景空间（图 4-6）。

如前所述，动画场景设计图是场景设计思想的体现。最终在荧幕上出现的场景要根据具体的场景要求逐一绘制出来。

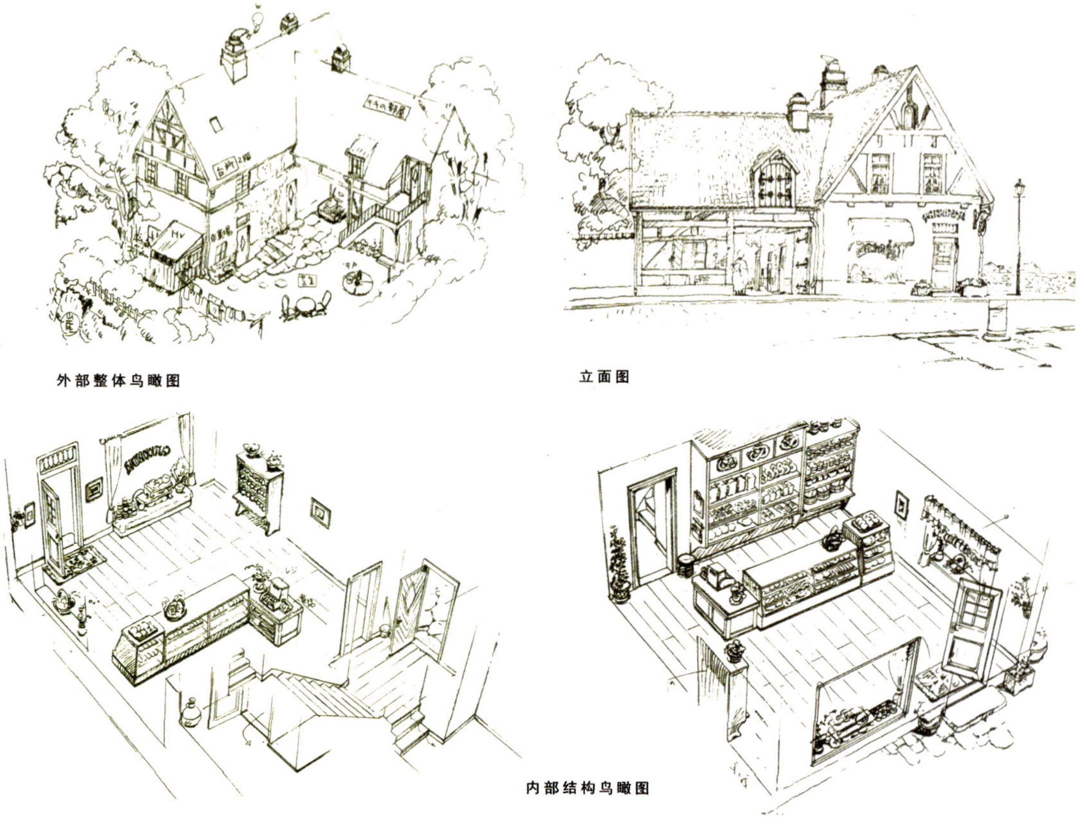

图 4-6　鸟瞰图

二、场景绘制的方法

1. 绘制步骤

首先绘制线描草图，这是场景结构的蓝图，然后描绘出素描层次，接着描绘光影效果、色彩基调及色彩变化，最终形成场景画面并达到预期的情绪气氛。

2. 分层处理

所谓场景分层处理，就是将场景的前景、中景、后景和背景等若干景次分别按照预先设定的比例绘制在不同的平面上，然后在动画制作的时候依次叠加在一起，在后期合成时，在单个镜头里依次做推近和拉远的效果，通过各景次之间依次出画或入画，以及运动速度的不同、虚实变化的不同、大小比例的不同，模拟出镜头推拉移动的视觉效果。

三、二维动画场景制作中应注意的问题

1. 画幅规格

在进行二维动画场景制作时，首先要选择适合的场景画幅规格，这是由人眼的生理特殊性造成的，从正常的平视角度讲，以视点为中心，水平 40 度角以内，垂直 30 度角以内，形成左右大于上下的椭圆形范围是人眼的有效范围。正因为如此，我们的影视屏幕才会被设计为左右大于上下的长方形。

动画场景最终是要通过屏幕表现出来的，所以，我们在绘制动画场景效果图之前，应了解国际上通用的屏幕画幅的规格比例。

（1）电视屏幕宽高比：普通电视屏幕是4∶3，高清晰电视屏幕是16∶9。

（2）电影银幕宽高比：普通银幕是1∶1.38，遮幅银幕（假宽银幕）是1∶1.66或1∶1.85，宽银幕是1∶2.35。

2. 光影

为达到最佳的视觉效果，现代动画影片更多地对现实中的光影进行模仿。这就需要了解基本的光影造型规律。

（1）自然光（室外光）。

① 平射光照。

平射光照是指太阳与地平线夹角在15°以内，阳光经过的大气层厚度较大，光线较暗、柔和，颜色偏暖。平射光照一般出现在清晨或傍晚，在这两段时间中，柔和的阳光可以增加浪漫的色彩和感染力，太阳照射在物体上所投出的长长的影子，可以增添影调的层次感。

② 斜射光照。

太阳与地平线的夹角位于15°~80°，一般在上午或下午，阳光斜射，光线较硬，其造型和表现质感的能力较强，景物的明暗反差适中。

③ 顶射光照。

正午时刻，太阳与地平线的夹角位于80°~90°。此时，直射光当顶，光线经过的大气层最薄，因此光线损失最小，光照最强，地面景物出现强烈的亮度反差。物体的阴影很短，甚至没有，无助于表现体积感和空间感，画面比较呆板。

④ 散射光照。

阴天，阳光透过云层照射形成散射光照。此时的光线最为柔和，亮部、暗部对比适中，没有明显的阴影。色调偏冷，中间色调多，反差低，给人以细腻、忧郁、恬静的感觉。

（2）人造光（室内光）。

① 主光。

主光相当于室外的太阳直射光，能使被照物体产生亮面、暗面和阴影，也能使光滑的表面产生光斑和反光。主光是描绘物体形状，表现立体感、空间深度和表面结构等方面的主要光线，因此，也称为造型光。

② 辅助光。

辅助光用来照明主光没有照到的阴暗部分，使阴暗部分的细节也能得到一定的表现，并减弱由于主光造成的强烈明暗反差。主光强度不变时，辅助光增强，反差减小；辅助光减弱，反差增大。因此，理想的辅助光是面积大、不产生阴影的光源。

③ 轮廓光。

这是用来照亮被摄物体外形轮廓的光线。因为它是从镜头对面，从被摄体背后上方直射过来的光线，所以也称逆光。轮廓光的任务是把物体轮廓明确地勾画出来，使前后被摄体之间、被摄体与背景之间产生明显的界线而彼此清楚地分离开来。

主光、辅助光和轮廓光是最基本的三种光线、经典布光的基本方法。

④ 背景光。

这是用来将整个或部分背景照亮的光线。背景在画面中占有重要的位置，背景光用以烘托整体的环境大气氛、大基调。

（3）光的方向。

所有的光都具有方向性，这个概念很容易理解。根据光源与被摄主体及摄像机水平方向的相对位置，可以将光线分为顺光、逆光和侧光三种基本类型；而根据三者纵向的相对位置，又可分为顶光与底光。

① 顺光。

镜头对着被摄体的受光面，也叫正面光或平光。在这种光线下画面没有阴影，层次贫乏，影调平淡，缺乏立体感、透视感和质感，但顺光也有优点，就是亮度大、明朗、朴素、反差弱、色彩饱和度高等。

② 侧光。

镜头对着被摄体的受光面和背光面之间。采用这种方法既拍到亮面的一部分，又拍到暗面的一部分。这是最常用的、比较理想的采光方向，既有利于表现物体的立体形状和景物的空间深度，又能使物体的表面结构得到细腻的描绘。因此，侧光方向的画面，影调层次丰富，立体感和透视感强。

③ 逆光。

镜头对着被摄体的背光面，即迎着光线拍摄。这时光源直射光从物体的背后向着镜头照射过来，勾勒出物体的轮廓，使主体与背景分离，增强画面的透视感，使光滑的表面产生明亮的闪光，能明显地增强景物的亮度反差，既适合营造浪漫温馨的气氛，又可以表现恐怖紧张的效果。

④ 顶光与底光。

顶光的光线从90°顶部照射被摄体。与顶光相对的就是底光，即从接近90°的下方照射被摄体。通常顶光用来表现庄严神圣的气氛，底光常表现恐怖诡异的气氛。

3. 透视

透视法就是将三维立体空间的物体表现在二维平面空间内的方法。如果掌握了透视法，就可以更好地利用线条表现物体，从而使设计师能够把预想的方案比较真实地表现出来。现代动画片更多地模仿电影的空间感、镜头感，要求有生动逼真的效果。所以，画动画场景必须掌握镜头画面透视法。

在电影的拍摄中，镜头取代了人的眼睛。就透视法而言，镜头画面透视和常规绘画透视没有本质的区别，只是在取景范围上受到了镜头角度的限制。

根据镜头焦距的不同，镜头可以分为标准镜头（水平角接近人眼视角37°～38°的镜头）、广角镜头（大于人眼视角的镜头，如28mm广角镜头，水平角42.9°）、长焦镜头（小于人眼视角的镜头，如150mm长焦镜头，水平角8.4°）。

动画影片在镜头的表现上没有电影那么严格，所以在动画镜头画面的处理上可以模糊这个概念。

视平线也就是地平线，镜头画面中视平线的高度取决于视点的高度，也就是镜头距地面的高度。视平线越高，所看到的地面越大，景物间的距离就越疏。视平线越低，所看到的地面越小，景物间的距离就越密。镜头画面中一切透视线段的灭点都与视平线有关。在创作中，视平线的位置如何安排取决于画面内容和取景方式。

（1）平行透视。

平行透视也称为“一点透视”，是指视中线与被摄对像的水平面、纵深面平行，与垂直面成90°。心点是平行透视的关键，心点在镜头画面的视平线上，在画面的左右中心位置。心点一定在视平线上，随视平线的移动而改变。心点是平行透视的灭点。图4-7是一个矩形物体的平行透视。

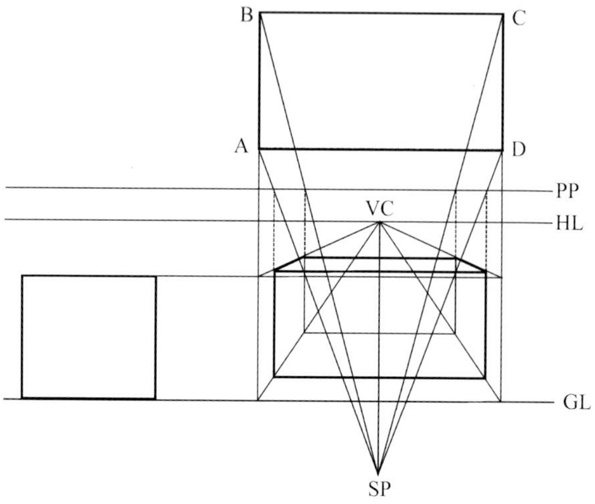

图4-7

图4-7中的平行透视，其中HL表示视平线，GL表示基线，SP表示摄影机拍摄的位置，VC表示心点。

平行透视的画法步骤如下（图4-8）。

首先，确定视平线及心点的位置：在平视的平行透视镜头画面中，心点在画面的对角线的交点上，然后过心点作一条平行于水平边框线的平行线，就是视平线。

由于任何物体都是由点组成线，由线组成面，再由面组成体，所以，我们要通过确定物体关键的棱角点来确定物体在镜头画面中的位置、大小及透视。

其次，将点连接成线：平行透视中的所有纵深面的纵深线段都向心点消失，前后线段与镜头画面的水平边框线垂直；水平面的前后线段与镜头画面的水平边框线平行；垂直面的左右线段与镜头画面的水平边框线垂直。

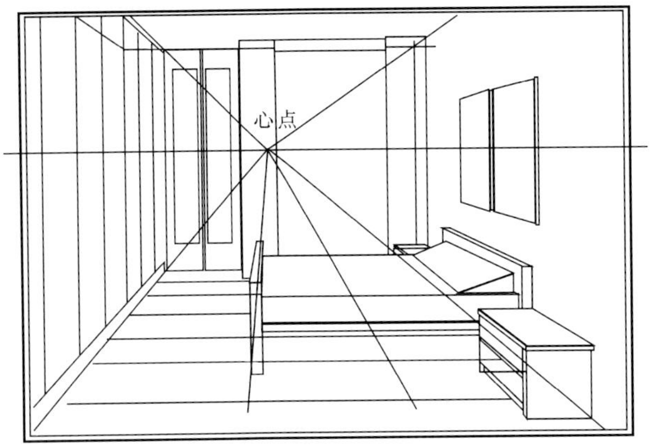

图 4-8

（2）成角透视。

成角透视是指镜头视中线与被摄对象所成角度不是 90°时的透视效果。

一个矩形物体在成角透视情况下均有两个灭点。这两个灭点在心点左右两边。图 4-9 是一个矩形的成角透视。

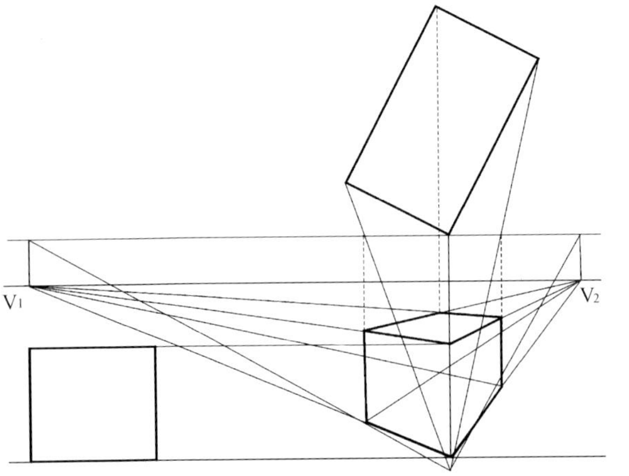

图 4-9　V_1、V_2 表示两个灭点

成角透视的画法步骤如下：

首先确定灭点。由镜头视点分别作两条平行于物体两边的直线，这两条线在视平线上的投影交点，就是左右灭点。灭点距心点的远近，根据镜头与被摄物体的成角大小而定。所成角度越小时，灭点距心点越远，看到的面越大，纵深效果就越差。所成角度越大时，灭点距心点越近，看到的面越小，纵深效果就越强（图 4-10）。

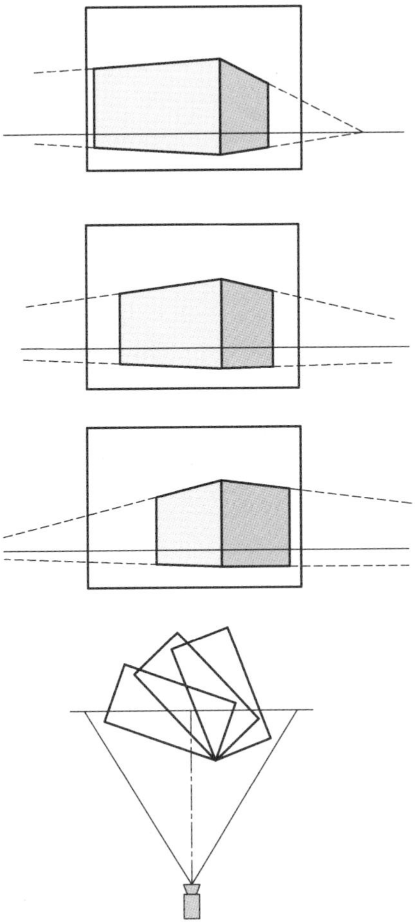

图 4-10

（3）仰视。

在平行透视下的仰视，镜头中的垂直线均向灭点消失，纵深线仍向心点消失。灭点的确定由镜头与被摄物体的倾斜角度而定。倾角越大，灭点距离心点越远；反之则越近（图 4-11）。

在成角透视下的仰视，镜头中的垂直线均向天点消失，原来向左右灭点消失的线段仍向左右灭点消失。

在仰视角为 90°的仰视透视中，灭点在画面对角线的交点上（图 4-12）。

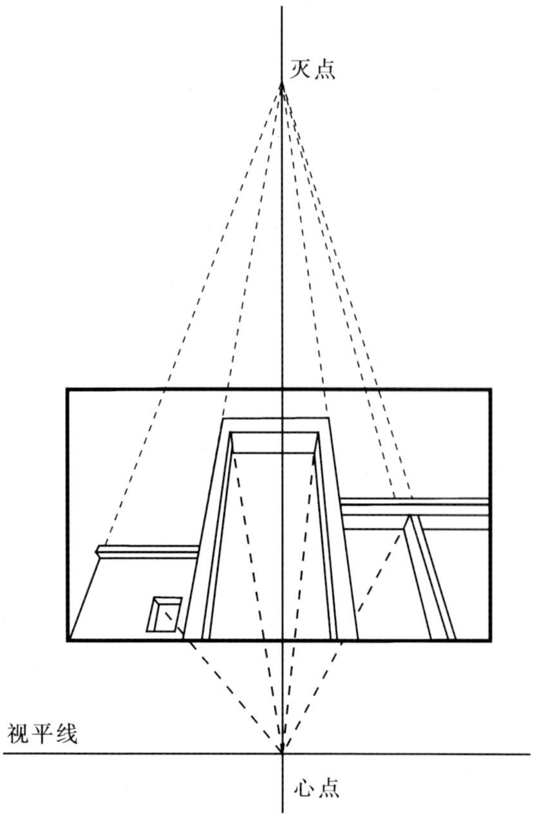

图 4-11

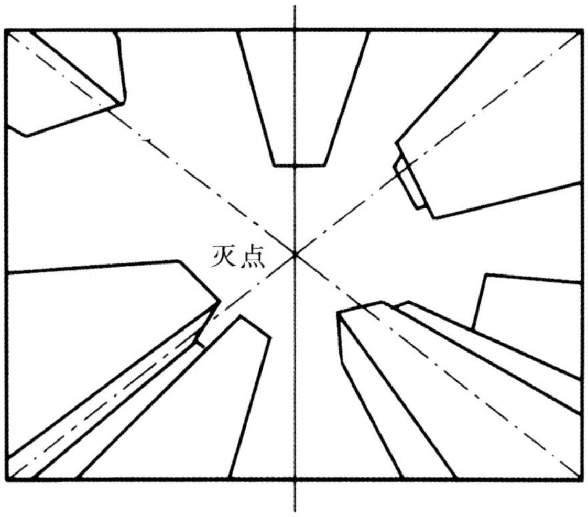

图 4-12

（4）俯视。

在平行透视中，垂直线均向地点消失，向心点消失的线段仍向心点消失。

在成角透视下的俯视，镜头中的垂直线均向地点消失，原来向左右灭点消失的线段仍向左右灭点消失。

在俯视角为 90°时，地点在画面对角线的交点上。

第二节 ⊙ 三维动画场景制作

三维动画的基本制作流程是：建模、材质、灯光、动画、摄影机控制、渲染。与传统二维动画片的制作相比，三维动画的制作流程更像是实拍电影的过程。

一、建模

三维动画场景建模好比拍电影中的搭置场景。应该说，建模是三维动画制作过程中很繁重的一项工作，场景中出现的物体，都需要一一去搭建。

在一般三维软件中，提供的建模方式有：多边形建模、样条曲线建模以及细分建模。

1. 多边形建模

多边形的英文为“Polygon”，多边形建模的原理是把复杂的模型用一个个小的三角形或者四边形组接在一起表示。也就是说，用数目众多的小平面组成的面来近似模拟表现复杂的曲面。这种造型方式速度较快，容易上手，并且可以定义许多不同表面的类型；但是它的缺点也很明显，由于用小平面模拟曲面，所以，当局部被放大到一定程度时，表面不光滑很容易被发现。

2. 样条曲线建模

样条曲线是一种特性曲线，用几条样条曲线可以共同定义一个光滑的曲面。理论上，这个曲面是无限光滑的，即无论放大多少倍都不会看到棱角，这也是它的最大优势。但是与多边形模型比较起来，它的计算时间要长一些。最常用的样条曲线和曲面是 NURBS（Non-Uniform Rational B-Spine），它是一种高次函数，适于表现拥有复杂表面的物体，而且与多边形建模相比，相似的模型表现，它所用到的数据量较少。但是，数据量的减少意味着计算量的增多，即软件计算负担增加，而且有时会产生求不出解的情况。NURBS 曲面之间的连接也是这种建模的薄弱方面。

3. 细分建模

细分建模的方法是结合多边形建模和样条曲线建模两种建模方式的优点而开发的建模方式。这种建模方式既有多边形建模的直观性、易用性和无限拓展的特性，又具有样条曲面的平滑特性。

建模的方法还有很多种，比如 Metaball、基于函数和物理的立体建模法（例如流体）、基于图像的立体建模法（利用照片和实物让计算机智能地生成模型）等。

二、材质

事物的特性不光在于它的形状和体积，还有很大一部分取决于物体的颜色和质感。在绝大多数情况下，材质需要我们自己来制作和编辑。大部分三维软件都提供了几种常用的材质。这些材质是软件通过自身的语言定义的，它们有自己的参数并可以调整。这些材质有的适用于做金属，有的适用于做木头和布料，有的适用于做塑料，以这些材质为基础，对参数进行适当调整，就可以得到简单的材质效果。在任何软件材质编辑器中，一般都包括以下三个参数：Ambient、Diffuse、Specular。

Ambient 指环境色，代表物体阴影部分的颜色，Diffuse 代表物体受光部分的颜色，而 Specular 代表高光区的颜色。Diffuse 对材质的颜色影响最为明显，如果要对材质赋予某种颜色，那么把 Diffuse设为这种颜色就可以了。

在很多情况下，用单色材质模仿实物是不真实的。比如石头的纹理，仅仅用软件提供的材质是无法表现的。在这种情况下，必须依靠贴图来完成。贴图是指一幅二维平面位图，通过软件的计算贴到三维模型上面去，形成表面细节和结构。而这张图的来源既可以是绘图软件绘制的，也可以是扫描仪扫描真实物体表面得到的。

此外，材质还包括反光、凹凸、透明、自发光等属性，可以编辑调整，而且模型可以通过多层材质的叠加来表现复杂的表面效果。

三、灯光

在大多数三维动画软件中，提供了数种类型的光源。以 Maya 为例，提供了六种光源：点光源、聚光灯、平行光、环境光、区域灯光和体积光。目的是使软件在最大限度内模拟自然界的光线类型和人工光线类型。

照明是影片制作中很重要的一个方面。在真实电影的拍摄中，照明在整个镜头完成中起到相当重要的作用。这与三维动画制作的情况也是相同的。调整场景的照明，使光线同情节的气氛相匹配，就可以强化影片的效果和戏剧性。

灯光的颜色也将对镜头中每件物体的颜色产生影响，并对整个影片的预期效果产生影响。比如，蓝色灯光将使镜头中的所有颜色都向蓝色偏移。在设计影片时，必须把灯光颜色造成的影响考虑进去。

通过光线营造场景气氛还有一种方式是利用质量光。这种光使你能够模拟产生穿过朦胧大厅照射进来的光线。这种灯光不仅能增强舞台效果，而且还有助于实现朦胧和神秘的气氛（图 4 -13）。

图 4-13　三维场景模型及最终渲染效果图

第三节 ◉ 定格拍摄动画场景制作

定格动画是指使用相机等逐格拍摄技术的动画。这类动画的拍摄对象一般是实物，最常见的是偶动画（木偶、泥偶），英国 Ardman 公司制作的胶泥动画系列片《超级无敌掌门狗》、《小鸡快跑》可以说是定格动画技术的代表影片。

这种动画制作从表面上看千变万化，但基本的方法却是相同的。用相机捕捉场景中的单独一帧，稍微移动人物和场景，用相机捕捉另一帧，以这样的方法可以得到一系列的静帧，最终连续播放就生成了动画。所以，作为一个类型的动画，其场景的制作与其他类型动画比较而言有些特殊性。

定格动画的制作首先是在设计稿完成之后，依据设计稿的整体风格，进行场景的搭建。这一步是整个动画的关键，是营造氛围的基础。

由于定格动画的拍摄是基于模型的，所以模型的制作是定格动画场景制作的关键。

一、模型的制作

在模型制作前，应注意两个方面的问题：第一，由于模型制作的困难性，决定了定格拍摄动画的场景是有一定限制的，它不可能像手绘动画那样自由和丰富，因此，在制作场景的模型前，必须对分镜头本进行仔细研究，尽可能将一些模型与场景整合起来考虑，以确保一个场景搭建好以后，能够获得较高的使用率。第二，由于拍摄时存在角度问题，所以对于相机拍摄不到的地方，不必制作模型，从而节省人力、物力及时间。

在进行场景的模型制作中，对材料没有任何限制，只要能达到剧情要求的水平，并符合设计稿的要求即可。其中，场景的质地与色彩的表现尤为重要。质感是体现物体特性的重要因素，会给人以真实的感觉。因此，在制作时要注意物体本身的质感以及物体之间的质感对比（图 4-14）。

图 4-14　场景模型的制作

在通常情况下，在同一场景内，在色彩的运用上，只要色调保持统一、和谐，看起来不生硬就可以了。实际上，如果孤立地去制作每一个场景，单个看可能不错，但是放在一起后，会出现不协调的感觉。这是对整个影片缺乏一个总体的色彩设计所造成的，因此，在不同的场景之间还应该注意和谐与统一。

在场景模型制作时，还要注意细节的表现。如果整个场景缺乏细节的话，就会使人有粗制滥造的感觉。增加一些细节，可以使场景视觉丰富、饱满起来。细节的表现不需要很多，只需在观众最容易发现的地方，有几个点睛之笔即可。

二、灯光的布置

灯光的使用对于拍摄定格动画来说非常重要。如果在自然光下拍摄，天气、时间等因素都会严重影响拍摄。所以，一般采用人工照明来实现拍摄目的。首先，最基本的要求是：人工照明的灯光必须是稳定的，不能有频闪。因为定格拍摄对光线的变化十分敏感，只要有微弱的变化，在最后的连续播放中会非常明显。所以，家用的日光灯是不能使用的，而其他的家用灯具最好也不要使用，因为市电的电压并不稳定，不具有稳压功能的家用灯具的亮度会随着电压的不同而发生变化，最好选用专业的摄影灯具。这些灯具光线强，光源稳定，适合定格拍摄。

如果完全用灯具作为拍摄光源，就需要一个所谓环境光来对场景进行照明。作为环境光的灯的功率应该大一些，一般应该考虑使用 500w 以上的灯具。通常的做法是把这盏灯打在反光板上，通过漫反射来得到比较分散和柔和的光线。除非需要特别强烈的效果，一般不直接打在场景上。人工光照明的首要任务是尽量再现自然光照明的效果，这种“再现”既有纪实的一面，又有非纪实的一面。纪实的一面是包括照明的范围、照明的高度以及照明的明暗关系等。不纪实的方面包括照明强度、明暗的绝对亮度等。产生这种情况的原因有两个方面：第一，技术上的影响，如器材和感光材料的影响；第二，摄影师的影响，即摄影师的创作意图、技巧处理、个人爱好等。

在室内用人工光照明不是简单地照明被摄体，而是要像自然光那样对被摄体进行生动的造型，并根据创作的意图，逼真地创造出各种气氛，如明亮的气氛、沉静的气氛等。通过被摄体外部形态和造型气氛的逼真再现，再现出逼真的艺术形象。

用人工光再现自然光的照明效果并不是机械地照搬，而是一种艺术创作。在进行艺术创作过程中，不能也不必面面俱到，恰恰相反，要进行简化处理。人工光在再现自然光照明效果时，也要遵循艺术简化处理的原则。通过简化处理，突出了重点，隐藏不必表现的东西。也就是说，对画面中视觉注意中心的景物，要用光进行细致的刻画，而对画面中次要的景物，琐碎的、不必表现的细节，可以通过光的省略处理——简化处理，从而使画面光的处理效果获得艺术的再现及艺术的真实效果。作品的艺术表现需要光的简化处理。在很多时候，细节的忠实描写，不仅不会增加真实感，反而会使之看上去虚假。再说从技术上讲，现代感光材料也不可能记录自然光的明暗悬殊的亮度间距，所以，人工光在再现自然光巨大的亮度间距时也必须简化，使画面中再现的亮度间距在效果上接近自然光的效果。

由著名导演蒂姆·伯顿担任制片拍摄的经典偶动画影片《圣诞夜惊魂》，在其创作的三年时间里，场景设计制作专家在19个摄影棚内共设计制作了230个场景。这些场景首先由场景设计制作专家根据故事及导演的意图确立场景设计稿，然后逐一完成，它们恰如其分地表现出蒂姆·伯顿所要的黑色基调，在场景设计中故意忽视透视法，创造出一个不平衡的世界。通过用在粘土和刷漆的场景表面刻上线条的方法，为整个场景设计带来了一种手绘的氛围，灯光的运用也非常出色，为影片增加了神秘的色彩（图4-15、图4-16、图4-17、图4-18、图4-19）。

图4-15　场景设计稿及最终模型效果

图4-16　场景设计稿及最终模型效果

图 4-17　现场搭建场景，所有景物都被刻上了线条

图 4-18　可以拆装的场景模型，既可以整体拍摄，也可以拆开形成小场景，便于拍摄

图 4-19　影片《圣诞夜惊魂》中的光影效果

第五章

经典动画影片场景设计赏析

魔女にご用の方は
ベルを鳴らして
下さい コキリ

RIORDAN'S
39

スバル

PIH-20
CI MANUAL

塩
め
眼精疲劳
滋养绝佳
め
三千眼
便至
逍遥绝品
十目石

TOYS

440

后　记

动画场景设计是现代数字技术和造型艺术紧密结合、相互渗透的综合性艺术。作为动画专业的一门重要课程,动画场景设计十分强调创造性思维,是一种重要的创造性活动。

近年来,在我国高等艺术教育中,动画专业正呈现出方兴未艾之势,专业艺术院校和综合性大学的艺术院系纷纷开办动画专业,这既是为了满足动画行业的快速发展对专业人才的迫切需求,也是高等院校设计教育新的增长点。在动画场景设计的教学实践中,深感迫切需要一本系统、完整的教材,用以指导教学活动,这就是笔者在缺少参考资料的情况下,冒着高温酷暑,克服困难编写本书的初衷。

感谢苏州大学出版社给予本书出版的机会,使笔者明确了进一步完善教学的目标。感谢责任编辑许周鹣老师和薛华强为本书的出版所付出的辛劳。感谢所有关心和支持本书编写的朋友和同事们,正是由于大家所共同营建的良好氛围,赋予了笔者足够的信心和写作的条件。

本书的编写力求图文并茂,语言简洁。书中选用了许多国内外优秀的动画场景设计作品,便于学生和自学者理解和参考。朱其林、朱晓溪、韩涛、王弓老师协助收集了部分图片,做了许多基础性工作,在此一并表示感谢!

由于笔者水平所限,不足之处在所难免,恳切希望专家学者和广大读者批评指正。如果本书的出版能够引起更多的专家和学者关注、并积极参与到动画专业的教材建设工作中来,则正达到了笔者"抛砖引玉"的目的。

王　平　殷　俊

2006 年 11 月于江苏大学